我们的地球

海滩

［英］凯特·贝德福德 著

王 爱 侯晓希 译

科学普及出版社
·北京·

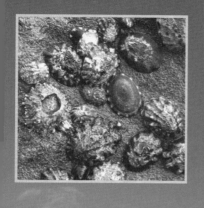

目 录

写给家长和老师的话

　　《我们的地球》丛书既适合课堂学习，又可以供小朋友们自己阅读。我们根据小读者学习能力的不同将内容有针对性地分层次编写，让所有的小读者都能够学习和理解书中的知识。下文中的 A 版块是供年龄较小的小读者学习的简化内容。简化内容主要是图片旁边的说明文字。大字体可以提升文章的易读性。A 版块下方的 B 版块内容难度稍有提高，供高年级或者阅读能力稍高的小读者阅读和学习。

鱼

　　在低潮的时候，海边的鱼就会躲起来。它们会挤进岩石池的裂缝中或者躲到沙层下。

◀ 这种鱼生活在岩石池里。

　　虾虎鱼生活在岩石池里。它们的体表布满和岩石相似的花纹，可以完美地隐藏在岩石池里。

小测验、关键词和词汇表

每个章节的最后都由一个问题结束。家长和老师可以通过和孩子研究这个问题来发散思维，促进孩子理解本文的内容。另外在本书的最后，还设置了一些与本书内容密切相关的小问题，作为本书的小测验。本书的第30页和第31页如下所示。在关键词的部分，我们特意为年龄较小的小读者配上相应的插图，为他们直观地呈现出词汇所代表的事物。而词汇表则是给较大的或者阅读能力较强的孩子准备的。本书的词汇表不仅仅起到参考的作用，同时也旨在帮助小读者巩固所学词汇，进行进一步的讨论和复习。

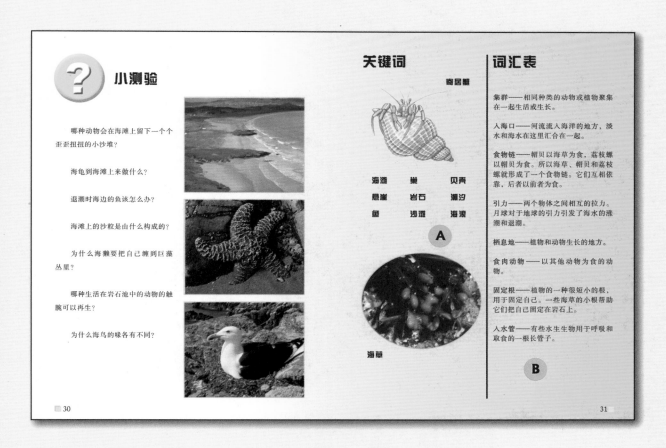

什么是海滩？

海滩是指陆地和海洋相接的地方。有些海滩上布满了岩石和峭壁，有些海滩却是柔软的沙滩，还有一些海滩上铺满了圆溜溜的鹅卵石。

◀ 这些巨浪日复一日地冲刷着海滩边的峭壁。

左图中的海滩是由坚硬的岩石构成的，峭壁高耸。海浪冲击着峭壁，拍打着岩石。强烈的冲击力有时会把峭壁上的石头击碎，大量碎石落入大海里，随着海浪的拍击，这些石块又碎裂成更小的碎块。

▶ **平坦的沙滩一直延伸到大海里。**

由软质岩石构成的陆地和海洋相交处，形成了平坦的沙滩。这些沙子是由无数细小的岩石碎屑和贝壳碎片形成的。

粗砾海滩上遍地覆盖着鹅卵石。

粗砾海滩是由无数的小鹅卵石铺成的。这些石头被海浪年复一年地冲刷着，外表变得很光滑。由于海水涨潮、退潮时能量巨大，能够把海滩上的石头卷起来，所以粗砾海滩上很难有动物或者植物存活下来。大多数的生物都生活在远离海浪的海滩高处。

❓ 哪种海滩是动物最好的栖息地？

各种各样的海滩

世界上遍布着各种各样的海滩，或酷热或严寒。人类在一些冰冷的海滩上仍然发现了动物栖息的痕迹。这些动物在寒冷的环境下依靠自身的厚密皮毛或油质的羽毛，以及皮下厚厚的脂肪来抵御严寒。

◀ 这些鸟类在泥滩中寻找食物。

在河流汇入海洋的地方，由于河水带来的泥沙堆积起一片大面积的泥质海滩，这里又称为入海口。许多鸟类聚集在入海口寻找食物。这里有丰富的蠕虫、贝类、螃蟹，可以让鸟儿们好好地饱餐一顿。当海水涨潮，淹没入海口的时候，鸟儿们就会飞到海岸边等待，直到退潮后再返回海滩。

▶ 这些企鹅生活在寒冷、结冰的海滩上。

在地球上一些极其寒冷的地方，海滩被厚厚的冰层所覆盖。企鹅在南极冰封的海滩上繁殖后代。这里实在是太冷了，企鹅必须紧紧挤在一起互相取暖。它们把蛋放在脚背上，用腹部盖住保温，防止蛋在寒冷的天气中冻坏。

▼ 热带地区的海滩。

珊瑚礁生长在温暖的浅海海域。珊瑚礁是由一种小小的动物——珊瑚虫形成的，珊瑚虫紧紧地聚拢在一起，构筑坚硬的防护壳来保护自己。这些防护壳就构成了珊瑚礁的礁体。珊瑚礁是很多海洋生物不可或缺的家园。

岛屿

海洋

珊瑚礁

珊瑚礁

 如何在寒冷、冰冻的海滩上生存？

潮起潮落

每天，海水都会涨潮退潮各一次。涨潮时，海水会淹没海滩。涨潮过后，海水会慢慢地退回原来的水平线。退潮时，海水会远远地退开，直到海滩全露出来。

▼ **涨潮时，海滩被海水淹没。**

涨潮时，海滩被海水淹没。高水位线是涨潮时海水所能到达海岸的最高位置。月亮和太阳的引力吸引着海水，形成了涨潮和退潮。

▲ 退潮后，海滩会全部裸露出来。

退潮后，海滩会全部裸露出来，海水退到了低处。有一些海滩涨潮和退潮之间的水位落差非常大，有一些的差异却很小。退潮通常会在每25个小时内发生两次。

风扬起海浪。

风扬起海浪，拍打着海岸。当风吹动海面的时候，表层的海水被不断地推动，形成了海浪。强大的暴风会扬起滔天巨浪。而在没有风的日子里，大海是非常平静祥和的，只偶尔伴随着一些小小的浪花。

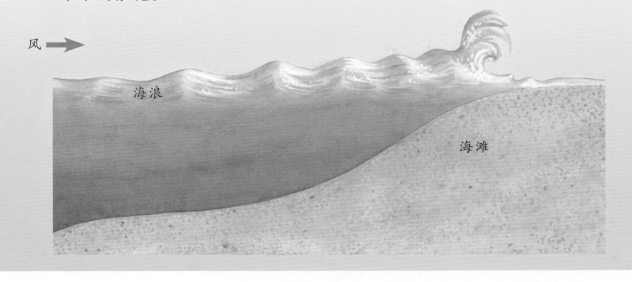

 潮汐和海浪有什么区别？

牢牢抓住

冲击着海滩的海浪是非常强大的。生活在海滩地带的各种植物和动物需要牢牢地"抓紧"附着的地方，以免被海浪卷走。

◀ 这些帽贝紧紧地趴在岩石表面。

海滩上的动物都有自己独特的方法"抓牢"附着物。帽贝用自己强有力的腹足牢牢地趴在岩石表面上。像海胆这样的动物长着无数像吸管一样的小脚，这些小脚可以帮助它们牢牢地贴在岩石上。贻贝通过坚韧的足丝将自己紧紧地固定在岩石上。

▶ 这些海草深深地扎根在岩缝里。

海草深深地扎根在岩缝里，这样就不会被海浪冲走了。大型海草长着粗壮的、形如手指般的根，称为固定根。这些固定根会帮助海草固着在岩石上。暴风雨来临时，猛烈的海浪卷着海草，有时甚至会把岩石拉脱落。

海獭把自己卷在海草里。

海獭睡觉之前，会把自己卷在巨藻丛里。海獭抓住一大捆巨藻，在海水里打转来把巨藻卷在身体上，固定住自己的身体。这样当它们睡着后，就不会被海水冲走了。

 你知道还有哪些动物或植物能够牢牢地把自己固定在另一个物体上吗？

贝　壳

　　贝类是生活在贝壳里的小动物。坚固的贝壳可以让它们不被吃掉或者被海水击碎。当贝类露出水面之后（如右图所示），贝壳可以保持一定的水分，让它们在一定时间内能够存活。

　　◀　**这些贝类生活在一个贝壳里。**

　　一些贝类生活在一个贝壳里。这类动物长着非常强壮的腹足，可以帮助它们移动或者固定在岩石表面。当危险来临时，它们会迅速地把腹足缩进贝壳里来躲避敌害。这些贝类通常以海草或者其他小动物为食。

◀ 这只贝类有两个连接在一起的贝壳。

有些贝类长着两个贝壳，这两个贝壳铰链在一起。扇贝通过迅速开合两个贝壳来游动。这些贝类吸入海水，滤出里边的食物碎屑为食。

这只寄居蟹住在一个空螺壳里。

寄居蟹的身体非常柔软，所以它们会住在一个空的螺壳里来保护自己。尾巴末端的一对强有力的"钩子"可以让它牢牢地钩住螺壳内部。当寄居蟹慢慢长大，螺壳显得小了之后，它就会爬出来，寻找更大的螺壳住进去。

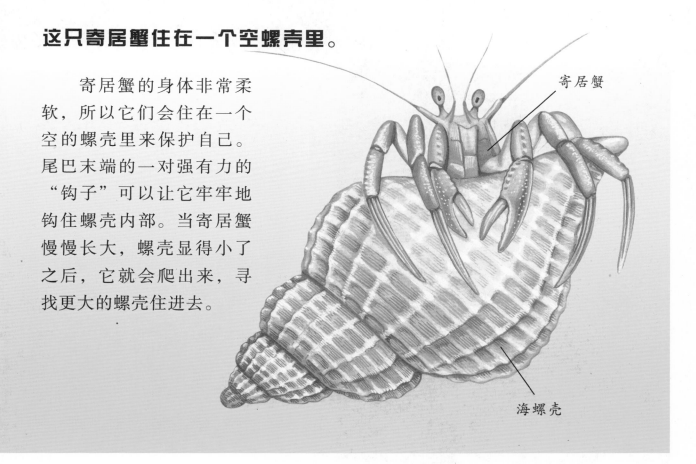

寄居蟹

海螺壳

 有硬壳的动物还有哪些？

岩石池里的生命

退潮后，会有一些海水留在岩石缝里，形成了岩石池。很多不同种类的植物和动物生活在这些岩石池里。它们会安全地待在岩石池中，直到下次涨潮。

◀ **海星生活在岩石池里。**

海星的身体底部长满了吸盘一样的管足。它们用这些管足移动，或者吸附在岩石表面。海星以贝类为食，它们用强有力的触腕用力掰开贝壳，取食里面柔软的肉。海星的触腕是可再生的，如果它们失去任何一只触腕，都可以再长出新的来。

状如花朵的海葵其实是一种动物。

虽然海葵的外表看起来很像是一朵花，但是实际上却是一种动物。它们用触须捕食猎物。当海葵露出水面后，它们会把触须收缩起来，防止水分流失。卷起触须的海葵就像是一团果冻。

帽贝以海草为食。

海草

帽贝

荔枝螺以帽贝为食。

荔枝螺

这是一条岩石池食物链。

食物链展示出了栖息地中动物和植物的相互关系。所有的食物链都是以植物为开端的。食草动物以植物为食，然后食肉动物以食草动物为食。在一个岩石池里，帽贝这样的食草动物以海草为食，然后荔枝螺类再以帽贝为食。这就是岩石池的食物链。

 岩石池是如何给植物和动物提供保护的？

挖呀挖

许多海滩动物都把自己埋在沙子、泥地或者岩石的下面。它们不断地挖掘，把自己掩埋起来，防止被敌人吃掉。退潮时，有些动物会躲到沙层底下，来保持水分，防止被风干或者晒干。

◄ 这是沙蚕在沙滩上留下的痕迹。

沙蚕生活在沙滩或者泥滩上的 U 形洞穴里。它们吞入泥沙，吸收泥沙里残留的营养物质。沙蚕会把消化后的泥沙通过尾部排到洞穴的另一端，就在泥滩的表面形成了左图这样歪歪扭扭的小沙堆。

▲ 荔枝螺喜欢躲藏在岩石的缝隙中。

有些贝类通过钻到岩石下或者岩石的缝隙里来保护自己。退潮之后，荔枝螺就喜欢躲到岩石下或者爬到岩石的缝隙里。涨潮后，它们会从躲藏的地方爬出来觅食。

鸟蛤喜欢把自己埋在沙层下。

鸟蛤可以用强有力的腹足把自己埋在沙层下躲藏起来。这样可以让它们免于成为鸟类或者其他动物的食物。鸟蛤和蛏子会通过长长的入水管来吸入海水，过滤海水里的有机碎屑为食。

鸟蛤

入水管（取食管）

蛏子

 海滩动物喜欢躲到哪里？为什么？

海滩植物

很多植物生长在海滩上。海藻是一种生长在海水里的海滩植物。但是还有一些海滩植物只能生长在陆地上。它们位于海岸的较高处，在那里海水无法到达。

◀ **这种海藻会漂浮在海水里。**

墨角藻有着充满空气和胶质的小囊袋，能帮助它们漂浮在水中。墨角藻坚硬的皮质叶子上边包裹着一层滑滑的黏性物质，可以隔绝水分，在退潮的时候保持水分。由于以上这些特质，墨角藻可以在退潮后继续生存下来。

▶ 巨藻生长的速度非常快。

加州巨藻是世界上生长速度最快的植物。它每天可以长高 1 米，最长可以长到 100 米。海面下，由巨藻组成的浓密的巨藻林是众多鱼类和其他动物的家园。

这些坚韧的草生长在沙丘上。

滨草是一种能抵御恶劣环境的植物，遍布在海岸的沙丘上。滨草有着又薄又弯的叶子，可以在烈日和海风下保留水分。滨草的根又密又长，牢牢地扎根在海滩上，一直延伸到海滩层下方汲取水分，同时可以固定住自己，避免被海风吹走。

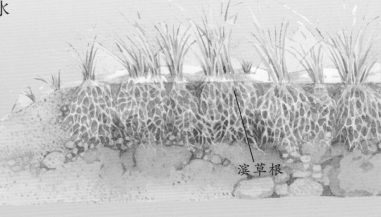

海滩

滨草根

 海滩植物可以生长在哪里？

海滩上的鸟类

海滩上的鸟类以各种动植物为食。它们在海岸上或海洋中捕食食物。有些海鸟会钻到沙层下捕食蠕虫和贝类。有些海鸟则会潜到海里去捕食鱼类。

◀ 海鸟把巢筑在陡峭的悬崖上。

海鸟通常都会集体把巢筑在一起，形成广阔、嘈杂的集群。它们把鸟巢筑在高高的峭壁上，这样就可以防止捕食者来犯。有些海鸟有筑巢的习性，但是也有一些海鸟会直接把鸟蛋产在裸露的悬崖边上。

这些海鸟以贝类、鱼类和小型动物为食。

每种海鸟的鸟喙都能完美适应它的食性，鸟喙的大小和形状能够很好地帮助它们捕食。

蛎鹬

反嘴鹬

蛎鹬以贝类为食。它们长着长长的细嘴，能够打开贝类的贝壳。

反嘴鹬的喙十分细长，并向上弯曲，适合捕食虾类和昆虫。它们把嘴伸到水面下扫来扫去，过滤水里的小型动物。

鸬鹚

翻石鹬喜欢捕食石头和海草下面的小型动物。它们能够用短短的喙翻开石头和海草来捕食猎物。

翻石鹬

像鸬鹚这样可以钻到水下捕食的鸟类长着又长又尖、像匕首一样的喙。

 你觉得把鸟巢筑在悬崖峭壁上的风险有哪些？

鱼

退潮时，生活在海滨的鱼会躲藏起来。它们有的钻进岩石池的缝隙里，有的躲到沙子下面。涨潮后，它们就会出来觅食。生活在海滨的鱼的眼睛长在头的顶端，因此它们可以察觉到来自上方捕食的海鸟。

◀ 这种鱼类生活在岩石池里。

虾虎鱼是一种生活在岩石池里的鱼类。体表的图案可以帮助它们隐藏在岩石和海藻里。有些虾虎鱼腹部的鱼鳍合拢形成吸管状，可以吸在岩石上，防止被海浪冲走。

► **这些海龙很难被发现。**

海龙的伪装本领非常高超，很难被捕食者发现。它们长着又长又细的身体，可以完美地藏身于海草丛中。它们生活在岩石池里，以其他小型鱼类和贝类为食。

这种鱼类可以呼吸空气。

弹涂鱼生活在温暖泥泞的海滩地区。大多数的鱼类只能在水下呼吸，而弹涂鱼既可以在水下呼吸又可以在陆地上呼吸。它们用胸鳍支持着身体，在泥滩上爬行觅食。

 你可以说出多少种鱼的名字？

海滩上的来客

我们在海滩上看到的很多动物并不是一直生活在那里的。它们一生中的大多数时间都生活在海里，仅短时间内到海滩上休息、繁衍。

◀ **这些海豹到海滩上休息。**

海豹一生中的大多数时间都在海洋里活动，它们偶尔也会爬上海滩。海豹是出色的游泳选手，但是它们在陆地上的移动速度却非常缓慢。它们慢慢地爬到岸边或者岩石上，一边休息一边晒太阳。它们会找到一片安静的海滩产下小宝宝，防止其他动物打扰它们。

▶ 海鹦到海滩上筑巢。

每年，海鹦都会飞到海滩上繁殖后代。它们会在峭壁的顶端筑巢——用喙挖洞或者利用兔子洞作为巢穴。每对海鹦夫妇通常只产下一只幼鸟。它们会给幼鸟哺喂玉筋鱼和其他小鱼。

海龟到海滩上产卵。

雌海龟会在夜间爬到海滩的高水位线以上的位置产卵。首先，它们会在沙滩上挖一个洞，然后在洞里产下卵，最后用沙子盖好。小海龟孵化之后，会自己从沙子里爬出来，回到大海。

 为什么海鹦要挖洞筑巢？

保护海滩

人类的一些行为会破坏海滩的自然环境。我们随手乱丢的垃圾会伤害甚至杀害野生生物。而对海滩的开发利用也会让很多动植物失去赖以生存的栖息地。我们需要爱护海滩，保护生活在海滩上的野生生物。

◄ 垃圾被冲到了海滩上。

一些人通常会把垃圾倾倒在大海里。海浪会把这些垃圾带到很远的地方，最后冲上海岸。类似像塑料袋、塑料瓶、渔线和玻璃这样的垃圾会伤害甚至杀死动物。海龟就常常因为塑料袋很像水母而误食致死。

▶ 这只鸟全身都被石油包裹住了。

从油轮上泄漏的石油会被海浪卷到海滩附近。石油会黏附在海鸟的羽毛上，让它们难以飞行。浸过石油的羽毛也失去了防水的作用，所以海鸟会变得又湿又冷，难以行动。当它们想把羽毛上的石油清理掉时，它们又会误吞石油。因此石油能夺去很多海滩生物的生命。

为了保护野生生物，对这片海滩采取了保护措施。

目前，一些海滩已经被划入了自然保护区，以此来保护那里的生态环境。这一措施可以防止人类的活动破坏海滩的自然面貌。把海滩划入自然保护区可以更好地保护区域内的动物和植物，给它们提供一个安全的栖息环境。

 我们可以为保护海滩做些什么？

小测验

哪种动物会在海滩上留下一个个歪歪扭扭的小沙堆？

海龟到海滩上来做什么？

退潮时海边的鱼该怎么办？

海滩上的沙粒是由什么构成的？

为什么海獭要把自己缠到巨藻丛里？

哪种生活在岩石池中的动物的触腕可以再生？

为什么海鸟的喙各有不同？

关键词

寄居蟹

海滩	巢	贝壳
悬崖	岩石	潮汐
鱼	沙滩	海浪

海草

词汇表

集群——相同种类的动物或植物聚集在一起生活或生长。

入海口——河流流入海洋的地方，淡水和海水在这里汇合在一起。

食物链——帽贝以海草为食，荔枝螺以帽贝为食。所以海草、帽贝和荔枝螺就形成了一个食物链。它们互相依靠，后者以前者为食。

引力——两个物体之间相互的拉力。月球对于地球的引力引发了海水的涨潮和退潮。

栖息地——植物和动物生长的地方。

食肉动物——以其他动物为食的动物。

固定根——植物的一种很短小的根，用于固定自己。一些海草的小根帮助它们把自己固定在岩石上。

入水管——有些水生生物用于呼吸和取食的一根长管子。

图书在版编目(CIP)数据

　海滩 / (英) 贝德福德著 ; 王爱, 侯晓希译. —北京：
科学普及出版社，2016
　　 (我们的地球)
　ISBN 978-7-110-09193-7

Ⅰ. ①海… Ⅱ. ①贝… ②王… ③侯… Ⅲ. ①海滩—青少年读物
Ⅳ. ①P737.11-49

中国版本图书馆CIP数据核字(2015)第163786号

书名原文: Our World:Seashores
Copyright © Aladdin Books Ltd 2007
An Aladdin Book
Designed and directed by Aladdin Books Ltd
PO Box 53987　London SW15 2SF England
　　本书中文版由Aladdin Books Limited授权科学普及出版社出版，
未经出版社允许不得以任何方式抄袭、复制或节录任何部分。

著作权合同登记号：01-2012-3408
版权所有 侵权必究

作　　者	［英］凯特·贝德福德
译　　者	王　爱　侯晓希
策划编辑	肖　　叶
责任编辑	邓　　文
封面设计	朱　　颖
责任校对	何士如
责任印制	马宇晨
法律顾问	宋润君

科学普及出版社出版
http://www.cspbooks.com.cn
北京市海淀区中关村南大街16号　邮政编码：100081
电话：010-62103130　传真：010-62179148
科学普及出版社发行部发行
鸿博昊天科技有限公司印刷
*
开本：635毫米×965毫米　1/8　印张：4　字数：30千字
2016年7月第1版　2016年7月第1次印刷
ISBN 978-7-110-09193-7/P·171
印数：1—5000册　定价：12.00元